# 最強平底鍋蛋糕

# GÂTEAUX
# À LA POÊLE

## 免烤免模最簡單

# 最強平底鍋蛋糕

# GÂTEAUX À LA POÊLE

## 免烤免模最簡單

Stéphanie de Turckheim 史蒂芬妮•德•涂爾凱姆

Nicolas Lobbestael 尼古拉斯•盧北斯塔爾 攝影

Soizic Chomel de Varagnes 叟茲克 綏美•德•瓦冉 風格設計

出版菊

# SOMMAIRE 目録

# INTRODUCTION 介紹

如何以最精簡的幾句話來定義平底鍋蛋糕？那就是「超棒、簡單和真好吃」！

書中所有食譜都非常簡單易作：起司蛋糕、反烤餡餅、餅乾、西洋李法式布丁塔、布朗尼（巧克力）、栗子軟芯（糕點）、蘋果蛋糕及胡蘿蔔蛋糕。

當然，這些糕點的外殼也許比不上以烤箱烘烤出來的香脆，但卻更軟芯（入口即化）和柔潤！

書中的所有蛋糕，皆可淋上糖霜，或以鮮奶油、鮮奶油香醍、奶油起司糖霜或單純的砂糖和檸檬來裝飾。


就讓我們開始平底鍋蛋糕之旅吧！

# CONSEILS 建議

## 材料

所用的材料都很簡單且常見：奶油、液體油、低筋麵粉、砂糖、全蛋、牛奶、鮮奶油、優格或白起司（fromage blanc）、杏仁粉、榛果或開心果，以及增添香氣用的：水果、巧克力、檸檬皮或柳橙汁。

## 器具

每道糕點所需的平底鍋大小皆準確列於食譜上方。一般而言，直徑20至24公分的平底鍋最適合，因為當蛋糕需要翻轉時，可輕易地利用餐盤將蛋糕反轉避免破損。書中的所有食譜均以不沾的平底鍋簡單即可完成。但須瞭解各種平底鍋材質（陶瓷、鑄鐵、鑄鋼、不鏽鋼）在功能上多少有些差異。

書中所有蛋糕均以電磁爐烹調。因此同樣地，若是使用瓦斯爐或陶瓷爐烹調，需要視情況調整加熱時間長短。所有的加熱均以小火進行。

另外，有時需要剪裁一張平底鍋直徑大小的圓形防沾烘焙紙，再靠著平底鍋內食用油加熱後，將烘焙紙「沾上」鍋底。防沾烘焙紙可保護糕點，之後從鍋邊取下時也更容易翻轉。

在大部份的糕點製作上需要一個可搭配平底鍋的鍋蓋，但需避免經常揭開蓋子，以確保維持鍋內的熱度。若可以的話，選擇透明鍋蓋，好隨時監控加熱的狀況。

現在就讓我們以享受美食的心情，品嚐不同材料與口感組合創造出的糕點，一同探索平底鍋蛋糕所帶來的樂趣吧！

# GÂTEAU MOELLEUX
## À LA CRÈME, POMME, AMANDE ET CANNELLE

## 鮮奶油、蘋果、杏仁和肉桂鬆軟蛋糕

6人份 • 準備時間：10分鐘 • 烹調時間：20-30分鐘 • 難易度：簡單 • 成本：便宜
器具：直徑24公分的平底鍋 • 直徑24公分的圓形防沾烘焙紙

## Les Ingrédients

全蛋..............................................2顆
砂糖..............................................70克
牛奶..........................................100毫升
鮮奶油......................................100毫升
低筋麵粉 ....................................140克
泡打粉........................................½包(5~6克)
鹽..................................................1小撮
杏仁粉..........................................25克
肉桂粉..........................................1小匙
蘋果..............................................2顆
杏仁片..........................................4大匙
食用油..........................................少許

### 變 化
蘋果可以改成蘋果與梨子的混合搭配。

## La Recette 配方

1　將全蛋打在容器中，並加入砂糖，用電動攪拌器拌勻。再倒進牛奶和鮮奶油並持續攪拌。再加入低筋麵粉、泡打粉、鹽、杏仁粉和肉桂粉混合均勻。

2　蘋果去皮、去籽後切成小塊或片狀。接著放入做法1的麵糊中混合均勻。

3　利用刷子在平底鍋內塗上食用油，然後放在爐上加熱。當平底鍋變熱後，鋪上圓形防沾烘焙紙。均勻的撒進2大匙杏仁片，再倒入做法2的麵糊。

4　以小火（電磁爐制式溫度3）加熱約20分鐘。當麵糊表面已烤好時，取一餐盤將蛋糕倒扣在盤上。接著平底鍋撒上剩餘的杏仁片，再將蛋糕移進平底鍋，繼續加熱反面數分鐘。

5　將加熱完成的蛋糕移到餐盤上並拿掉防沾烘焙紙。待涼或冷卻後即可品嚐，並可配上一球香草冰淇淋或英式奶油醬（crème anglaise）。

# GÂTEAU "FLAN"
## PRUNEAU ET VANILLE
## 西洋李和香草「法式布丁」蛋糕

6人份 • 準備時間：5分鐘 • 烹調時間：15-20分鐘 • 難易度：簡單 • 成本：便宜
器具：直徑24公分的平底鍋 • 直徑24公分的圓形防沾烘焙紙

## Les Ingrédients

低筋麵粉 .................................. 100克
玉米粉（Maïzena®）.................... 25克
鹽 ................................................ 1小撮
砂糖 ............................................ 70克
全蛋 ............................................ 2顆
溫熱的牛奶 ............................ 250毫升
香草粉 ........................................ 1小匙
蘭姆酒 ........................................ 1小匙
去籽的西洋李果乾 .................... 150克
食用油 ........................................ 少許

### 變化
西洋李可改用軟的杏桃乾（abricots secs）。

## La Recette 配方

1　將低筋麵粉、玉米粉、鹽放進容器中混合均勻。在當中挖出一凹槽，在凹槽裡加入砂糖和全蛋。以木杓輕輕拌勻，並維持凹槽狀，讓粉類慢慢的混入凹槽裡，再分次緩慢的加進牛奶並持續攪拌成麵糊，再加入香草粉和蘭姆酒拌勻。

2　利用刷子在平底鍋內塗上食用油，然後放在爐上加熱。當平底鍋變熱後，鋪上圓形防沾烘焙紙。再倒入做法1的麵糊，然後均勻地放上去籽的西洋李果乾。

3　蓋上鍋蓋並以小火（電磁爐制式溫度3-4）加熱約15-20分鐘。期間液狀的麵糊將會沿著鍋緣流出且很快的變熟。所以要經常的用鍋鏟去除沾在鍋邊上的麵糊。

4　當蛋糕加熱至表面成型（變硬）時，取一餐盤將蛋糕倒扣在盤上，再將蛋糕移回平底鍋，繼續將另一面加熱數分鐘。

5　將加熱完成的蛋糕移到餐盤上，並拿掉防沾烘焙紙。待涼或冷卻後即可品嚐。

# GÂTEAU "PANCAKE"
## AUX FRAMBOISES
## 覆盆子「煎餅」蛋糕

6人份 • 準備時間：5分鐘 • 烹調時間：10-15分鐘 • 難易度：簡單 • 成本：便宜

器具：直徑24公分的平底鍋

## *Les* Ingrédients

低筋麵粉 ................................................ 150克

泡打粉 ................................................ ½包(5~6克)

鹽 ................................................ 1小撮

砂糖 ................................................ 30克

牛奶 ................................................ 200毫升

融化奶油 ................................................ 15克

全蛋 ................................................ 1顆

覆盆子 ................................................ 1籃(250克)

奶油 ................................................ 1小匙(平底鍋用)

### 變化

若在盛產季節，覆盆子可改以藍莓、黑莓或黑醋栗(cassis)替換。

## *La* Recette 配方

1　將低筋麵粉、泡打粉、鹽和砂糖放進容器中混合均勻。再另取一容器，倒入牛奶、融化奶油和全蛋，用叉子攪拌均勻，再將奶蛋液倒入先前裝有粉類的容器中混合均勻成麵糊。再把覆盆子輕輕混進麵糊中以防破裂。

2　將1小匙的奶油塗在平底鍋內並加熱融化，然後倒入麵糊。以小火(電磁爐制式溫度3-4)加熱約10分鐘。

3　當蛋糕加熱至表面成型(變硬)時，取一餐盤將蛋糕倒扣在盤上，再將蛋糕移回平底鍋，繼續將另一面加熱數分鐘即可盛盤。

4　蛋糕待涼後即可品嚐，可配上水果庫利(coulis水果加糖打成泥狀再過濾)、蜂蜜或楓糖漿。

# GÂTEAU AUX CERISES
## TYPE CLAFOUTIS
## 櫻桃克拉芙緹蛋糕

6人份 • 準備時間：5分鐘 • 烹調時間：15-25分鐘 • 難易度：簡單 • 成本：便宜

器具：直徑24公分的平底鍋

## Les Ingrédients

| | |
|---|---|
| 全蛋 | 3顆 |
| 低脂鮮奶油（Crème liquide légère） | 200毫升 |
| 香草粉 | 1小匙 |
| 低筋麵粉 | 100克 |
| 砂糖 | 90克 |
| 糖煮去籽黑櫻桃 | 1瓶（360克） |
| 香草糖 | 1包（7克） |
| 奶油 | 1小匙（平底鍋用） |

### 變化

黑櫻桃可改以糖煮杏桃、糖煮水蜜桃、西洋梨，或當季盛產的同類新鮮水果。

## La Recette 配方

1　將全蛋打進容器中。加入鮮奶油、香草粉、低筋麵粉和砂糖，然後以電動攪拌器拌勻，直至鮮奶油與粉類混合成滑順的麵糊。瀝乾糖煮去籽黑櫻桃，並倒進麵糊中拌勻。

2　將1小匙奶油塗在平底鍋並加熱融化，然後倒入做法1的麵糊。蓋上鍋蓋並以小火加熱，時間少於20分鐘（電磁爐制式溫度3-4），並留意鍋內加熱的狀況。

3　當蛋糕加熱至表面成型時，取一餐盤將蛋糕倒扣在盤上，再將蛋糕移回平底鍋，繼續將另一面加熱數分鐘。

4　待加熱完成的蛋糕放涼後撒上香草糖，即可品嚐。

# GÂTEAU "CRÊPE"
## SANS ŒUFS AUX ABRICOTS
## 杏桃無蛋「可麗餅」蛋糕

4人份 • 準備時間：5分鐘 • 烹調時間：15-20分鐘 • 難易度：簡單 • 成本：便宜
器具：直徑20公分的平底鍋

## Les Ingrédients

砂糖...........................................80克
低筋麵粉.....................................50克
牛奶....................................100毫升
香草粉....................................1小撮
杏桃..............................................3顆
奶油.........................1小匙（平底鍋用）

### 建議

麵糊裡可加上少許的蘭姆酒（rhum）。

## La Recette 配方

1　將砂糖、低筋麵粉、牛奶和香草粉放進容器中，並以電動攪拌器混合均勻成麵糊。

2　清洗杏桃，去籽並切成片狀。將1小匙的奶油塗在平底鍋並加熱融化，然後放入杏桃片翻炒加熱數分鐘，使其變軟。

3　將做法1的麵糊倒進平底鍋中，蓋上鍋蓋，並以小火（電磁爐制式溫度3-4）加熱。加熱期間不時地除去沾上鍋邊的熟麵糊。約10分鐘後，利用餐盤把加熱的「可麗餅」倒扣在盤上，再移回平底鍋，繼續將另一面加熱數分鐘。

4　加熱完成後，把可麗餅置於餐盤上。待涼後可加上一杓鮮奶油香醍（crème Chantilly），即可品嚐。

# GÂTEAU "PAIN PERDU"
## À LA CANNELLE
## 肉桂「吐司」蛋糕

4人份 • 準備時間：10分鐘 • 烹調時間：8-10分鐘 • 難易度：簡單 • 成本：便宜
器具：直徑 20-22 公分的半底鍋

## Les Ingrédients

剩下的長棍麵包（Baguette de pain rassise） ½ 條
全蛋 ....................................................... 1顆
砂糖 ....................................................... 25克
肉桂粉 ................................................... 1小撮
全脂牛奶 .........250毫升 ＋1大匙（烹調時用）
奶油 ..............................................20克（平底鍋用）
糖粉 ....................................................... 1大匙

### 變 化

牛奶可加上柳橙汁、檸檬皮或可可粉以提升
香氣。

## La Recette 配方

1  將長棍麵包切成約2公分厚度的片狀。

2  將全蛋打進一個湯盤中，加上砂糖、肉桂粉和全脂牛奶，然後利用叉子拌勻。將切片的長棍麵包浸入蛋液中2-3秒，然後置於餐盤上。

3  將奶油塗上平底鍋並以小火加熱至金黃色，然後逐一放入已浸泡蛋液的長棍麵包片。再加入另外1大匙的全脂牛奶，並以小火（電磁爐制式溫度3-4）加熱約4分鐘。

4  利用餐盤把加熱的吐司倒扣在盤上，再移回平底鍋，繼續將另一面加熱約3-4分鐘。撒上糖粉，趁熱或待涼後品嚐。

# GÂTEAU AUX FLOCONS D'AVOINE
## ET FRUITS SECS

### 燕麥片和果乾蛋糕

6人份 • 準備時間：10分鐘 • 烹調時間：25分鐘 • 難易度：簡單 • 成本：便宜
器具：直徑24公分的平底鍋

---

## Les Ingrédients

牛奶......................................................300毫升
全蛋......................................................2顆
液態蜂蜜 .............................................2大匙
小燕麥片（petits flocons d'avoine）..............150克
低筋麵粉 .............................................120克
泡打粉..................................................1包(11克)
鹽..........................................................1小撮
綜合果仁（葡萄乾、杏仁、榛果）........150克
奶油......................................................1小匙（平底鍋用）

---

### 變化

可加上100克黑巧克力碎於麵糊中。

---

## La Recette 配方

1 將牛奶倒進容器中，然後加上全蛋和1大匙的蜂蜜，並以打蛋器或叉子拌勻。

2 在另一容器中，放入小燕麥片、低筋麵粉、泡打粉、鹽和綜合果仁混合均勻，然後加入做法1的奶蛋液，再加以攪拌成為麵糊。

3 將1小匙奶油塗上平底鍋並加熱融化，然後倒入麵糊。以小火（電磁爐制式溫度3-4）加熱約15-20分鐘。

4 當蛋糕加熱至開始變得稍微凝固時，利用餐盤將其倒扣在盤上，移回平底鍋，並繼續加熱另一面約10分鐘。注意別讓蛋糕的底部沾黏在平底鍋上。

5 加熱完成後，把蛋糕置於餐盤上，並塗上剩餘的1大匙蜂蜜。待涼或冷卻後搭配熱茶或熱巧克力品嚐。

# GÂTEAU "CAKE"
## À LA BANANE
## 香蕉「美式蛋糕」

6人份 • 準備時間：10分鐘 • 烹調時間：20-25分鐘 • 難易度：簡單 • 成本：便宜
器具：直徑24公分的平底鍋 • 直徑24公分的圓形防沾烘焙紙

## Les Ingrédients

香蕉(不要過熟) ........................................3 根
奶油................................................................2 大匙
香草糖.............................................1包(7.5克)
蘭姆酒..................................................................少許
全蛋........................................................................3 顆
紅糖.................................................................110 克
葵花籽油.............3大匙 + 少許(平底鍋用)
全脂牛奶....................................................100 毫升
低筋麵粉.....................................................125 克
泡打粉.................................................½ 包(5~6克)
杏仁粉..............................................................50 克

### Pour le glaçage 糖霜

奶油起司................................................200 克
糖粉...........................................................40 克
檸檬汁...................................................3 大匙

## La Recette 配方

1　香蕉去皮，切成不要太薄的片狀。將奶油塗在平底鍋內並加熱融化，然後放進香蕉片翻炒加熱，再加入香草糖和蘭姆酒。把炒好的香蕉片盛於碗中，將平底鍋清洗乾淨備用。

2　將全蛋打進容器中，加入紅糖用打蛋器拌勻。倒入葵花籽油和全脂牛奶，並持續以打蛋器拌勻。再加入低筋麵粉、泡打粉和杏仁粉，充分混合攪拌成滑順的麵糊。最後加入香蕉片，並輕輕的拌勻以防止攪碎香蕉片。

3　利用刷子在平底鍋內塗上葵花籽油，然後放在爐上加熱。當平底鍋變熱後，鋪上圓形防沾烘焙紙。再倒入做法2的麵糊，蓋上鍋蓋並以小火(電磁爐制式溫度3-4)加熱約15-20分鐘。當蛋糕烘好時，倒扣在盤上，再移回平底鍋，繼續將另一面加熱數分鐘。

4　將加熱完成的蛋糕移到餐盤上並拿掉防沾烘焙紙，待其變冷。將奶油起司、糖粉和檸檬汁攪拌成糖霜，淋在冷卻後的蛋糕上，即可品嚐。

# GÂTEAU "CAKE"
## AUX NOIX
## 核桃「美式蛋糕」

4人份 • 準備時間：10分鐘 • 烹調時間：20-25分鐘 • 難易度：簡單 • 成本：便宜
器具：直徑20公分的平底鍋 • 直徑20公分的圓形防沾烘焙紙

## Les Ingrédients

全蛋 ..................................................... 2顆
優格 ...............................1罐（約100-125克）
液態花蜜 ............................................2大匙
葵花籽油 .............3大匙 + 少許（平底鍋用）
低筋麵粉 .......................................... 100克
泡打粉 ...............................½包（5~6克）
核桃粉 ...............................................50克

### Pour le glaçage et la finition
### 糖霜和裝飾

巧克力.................................................50克
核桃 ...............................................5-6顆

### 變 化

核桃（粉、裝飾的整顆核桃）均可改為榛果。

## La Recette 配方

1　將全蛋打進容器中，加入優格和液態花蜜並拌勻，再倒入葵花籽油拌勻。然後加入低筋麵粉、泡打粉和核桃粉，混合攪拌成滑順的麵糊。

2　利用刷子在平底鍋上塗上葵花籽油，然後放在爐上加熱。當平底鍋變熱後，鋪上圓形防沾烘焙紙。再倒入麵糊，蓋上鍋蓋並以小火（電磁爐制式溫度3-4）加熱約15-20分鐘。

3　當蛋糕加熱至表面成型（凝固變硬）時，取一餐盤將蛋糕倒扣在盤上，再將蛋糕移回平底鍋，繼續將另一面加熱數分鐘。然後將加熱完成的蛋糕移到餐盤上，並拿掉防沾烘焙紙。

4　製作糖霜，將巧克力切碎放進容器中，以隔水加熱方式融化（把容器置於裝有沸水的鍋子內加熱）。再倒在蛋糕上，再以核桃裝飾。待溫或冷卻後即可品嚐。

# CARROT CAKE
## 胡蘿蔔蛋糕

6 人份 • 準備時間：15分鐘 • 烹調時間：30-35分鐘 • 難易度：稍有難度 • 成本：便宜
器具：直徑24公分的平底鍋 • 直徑24公分的圓形防沾烘焙紙

## Les Ingrédients

| | |
|---|---|
| 葡萄乾 | 30克 |
| 蘭姆酒 | 1大匙 |
| 全蛋 | 2顆 |
| 二砂糖粉（Sucre blond en poudre） | 85克 |
| 低筋麵粉 | 40克 |
| 泡打粉 | ½ 包(5~6克) |
| 榛果粉 | 100克 |
| 檸檬皮（未上蠟處理） | 1小匙 |
| 檸檬汁 | 2大匙 |
| 肉桂粉 | 1小匙 |
| 薑粉 | 1小匙 |
| 鹽 | 1小撮 |
| 胡蘿蔔（磨碎） | 150克 |
| 食用油 | 少許(平底鍋用) |

### Pour le glaçage
### 糖霜

| | |
|---|---|
| 蛋白 | 1顆 |
| 糖粉 | 175克 |
| 檸檬汁 | 2大匙 |

## La Recette 配方

1　將葡萄乾浸泡在加有蘭姆酒的少許沸水中，使其濕潤。

2　將蛋白、蛋黃分開。取一容器，放入蛋黃和二砂糖粉，並攪拌至呈濃稠狀。加上低筋麵粉、泡打粉、榛果粉、瀝乾的葡萄乾、檸檬皮和檸檬汁、肉桂粉、薑粉和鹽，充份混合均勻後再加上磨碎的胡蘿蔔攪拌成為麵糊。以電動攪拌器將蛋白打至雪白凝固狀的蛋白霜，然後再加進先前的麵糊裡拌勻。

3　利用刷子在平底鍋內塗上食用油，然後放在爐上加熱。當平底鍋變熱後，鋪上圓形防沾烘焙紙。再倒入做法2的麵糊，蓋上鍋蓋並以小火（電磁爐制式溫度3-4）加熱約25-30分鐘。期間經常以鍋鏟除去沾上鍋緣的熟麵糊。

4　當加熱中的蛋糕產生氣泡並且快要成型時，利用大鍋鏟將其翻轉，並用大鍋鏟整理蛋糕的外型，繼續加熱數分鐘，接著將加熱完成的蛋糕置於餐盤上。待其冷卻後放在陰涼的地方。

5　將蛋白、糖粉和檸檬汁拌勻成柔軟濕潤的糖霜，淋在冷卻的蛋糕上。等糖霜凝固並乾燥一夜後即可品嚐。

# GÂTEAU "CAKE"
## FIGUE ET PISTACHE
## 無花果和開心果「美式蛋糕」

6人份 • 準備時間：10分鐘 • 烹調時間：25-30分鐘 • 難易度：簡單 • 成本：便宜
器具：直徑24公分的平底鍋 • 直徑24公分的圓形防沾烘焙紙

## *Les* Ingrédients

全蛋 .................................................. 3顆
砂糖 .................................................. 125克
橄欖油 ................. 60毫升 + 少許（平底鍋用）
全脂牛奶 .......................................... 100毫升
低筋麵粉 .......................................... 125克
泡打粉 ................................... ½包(5~6克)
鹽 ........................................................ 1小撮
開心果粉 .............................................. 50克
無花果 .................................................. 5顆
開心果碎 .............................................. 40克

### ─── 變 化 ───
無花果可改用覆盆子，搭配開心果也很適合。

## *La* Recette 配方

1 將全蛋打進容器中，加入砂糖，然後打發至變白。倒進橄欖油和全脂牛奶，並持續攪拌。再加入低筋麵粉、泡打粉、鹽和開心果粉，充分混合攪拌成滑順的麵糊。

2 清洗無花果，然後切成6等分的片狀。

3 利用刷子在平底鍋內塗上橄欖油，然後放在爐上加熱。當平底鍋變熱後，鋪上圓形防沾烘焙紙。再倒入麵糊，加上切好的無花果片。蓋上鍋蓋並以小火（電磁爐制式溫度3）加熱約20分鐘。

4 當蛋糕加熱至表面成型（非液態）時，取一餐盤將蛋糕倒扣在盤上，再將蛋糕移回平底鍋，繼續將另一面加熱至少5分鐘。然後將加熱完成的蛋糕移到餐盤上，並拿掉防沾烘焙紙。

5 趁平底鍋還熱時把開心果碎炒乾（免油），然後裝飾在蛋糕上，待涼或冷卻後即可品嚐。

# GÂTEAU INVISIBLE
## AUX POIRES ET CLOU DE GIROFLE
## 西洋梨和丁香「隱形」蛋糕

6人份 • 準備時間：10分鐘 • 烹調時間：20-30分鐘 • 難易度：簡單 • 成本：便宜
器具：直徑24公分的平底鍋 • 直徑24公分的圓形防沾烘焙紙

## Les Ingrédients

| | |
|---|---|
| 全蛋 | 2顆 |
| 全脂牛奶 | 200毫升 |
| 砂糖 | 70克 |
| 低筋麵粉 | 150克 |
| 泡打粉 | ½包(5~6克) |
| 鹽 | 1小撮 |
| 丁香粉 | 1小撮 |
| 西洋梨 | 3-4顆 |
| 食用油 | 少許(平底鍋用) |

### —— 變化 ——

丁香粉可改以1小匙的香草粉或薑粉替換。

## La Recette 配方

1　將全蛋打進容器中。加入全脂牛奶和砂糖，然後以電動攪拌器拌勻。加入低筋麵粉、泡打粉、鹽以及丁香粉，充分的混合成麵糊。

2　西洋梨去皮去芯，然後切成薄片狀。

3　利用刷子在平底鍋內塗上食用油，然後放在爐上加熱。當平底鍋變熱後，鋪上圓形防沾烘焙紙。先倒進一點麵糊，然後加上數片西洋梨。重復倒入麵糊再加上西洋梨片的步驟，直至所有材料皆放進平底鍋。

4　蓋上鍋蓋並以小火(電磁爐制式溫度3-4)加熱約20分鐘。當蛋糕加熱至表面成型(凝固變硬)時，取一餐盤將蛋糕倒扣在盤上，再將蛋糕移回平底鍋，繼續將另一面加熱數分鐘。

5　將加熱完成的蛋糕移到餐盤上，並拿掉防沾烘焙紙。待涼或冷卻後即可品嚐，可搭配打發的甜味鮮奶油一起享用。

36

# GÂTEAU AU CITRON

## GLACÉ AU LEMON CURD

# 檸檬蛋糕佐檸檬醬

4人份 • 準備時間：5分鐘 • 烹調時間：20-25分鐘 • 難易度：簡單 • 成本：便宜

器具：直徑 22 公分的平底鍋 • 直徑 22 公分的圓形防沾烘焙紙

## Les Ingrédients

檸檬優格 ............................1罐（約100-125克）

檸檬皮.................................1大匙（未處理）

全蛋 ..............................................................2顆

食用油.......................⅓杯（以優格杯來計量）

砂糖 ...................................................... 50克

低筋麵粉 ............................................. 150克

泡打粉.............................................½包（5~6克）

鹽 ................................................................1小撮

檸檬醬（Lemon curd）..................1杯（約 225 克）

食用油...................................少許（平底鍋用）

### 建 議

可在超市找到檸檬醬。若買不到，可在麵糊中加入25g的砂糖替代。

## La Recette 配方

1 將優格倒進容器中。加上檸檬皮、全蛋和食用油，然後以木杓持續拌勻。然後加入砂糖、低筋麵粉、泡打粉和鹽，充分混合攪拌成麵糊。

2 利用刷子在平底鍋內塗上食用油，然後放在爐上加熱。當平底鍋變熱後，鋪上圓形防沾烘焙紙。再倒入麵糊，蓋上鍋蓋並以小火（電磁爐制式溫度3-4）加熱約15分鐘。

3 當蛋糕表面加熱至凝固時，倒扣在盤上，再移回平底鍋，繼續將另一面加熱數分鐘。

4 將加熱完成的蛋糕移到餐盤上，並拿掉防沾烘焙紙，待冷卻後淋上一層檸檬醬，即可品嚐。

# GÂTEAU "MADELEINE"
## À LA FLEUR D'ORANGER
# 柳橙「瑪德蓮」蛋糕

4人份 • 準備時間：5分鐘 • 烹調時間：15分鐘 • 難易度：簡單 • 成本：便宜
器具：直徑20公分的平底鍋 • 直徑20公分的圓形防沾烘焙紙

## Les Ingrédients

| | |
|---|---|
| 全蛋 | 2顆 |
| 鮮奶油 | 100毫升 |
| 橄欖油 | 2大匙 |
| 砂糖 | 40克 |
| 柳橙汁 | 2大匙 |
| 低筋麵粉 | 150克 |
| 泡打粉 | ½包(5~6克) |
| 鹽 | 1小撮 |
| 糖粉 | 1大匙 |
| 食用油 | 少許(平底鍋用) |

### 變化

柳橙汁可改以1小匙的香草粉替換。

## La Recette 配方

1　除糖粉和平底鍋用的食用油外，將所有材料倒進容器中，以電動攪拌器充分混合攪拌成滑順的麵糊。

2　利用刷子在平底鍋內塗上食用油，然後放在爐上加熱，當平底鍋變熱後，鋪上圓形防沾烘焙紙，再倒入麵糊，蓋上鍋蓋並以小火(電磁爐制式溫度3-4)加熱約10分鐘。

3　當加熱中的蛋糕產生氣泡時，需留意加熱的狀況，因為這表示蛋糕即將烤好。利用鍋鏟除去沾上鍋邊的熟麵糊。取一餐盤將蛋糕倒扣在盤上，再將蛋糕移回平底鍋，繼續將另一面加熱至少5分鐘，期間要一直留意加熱的狀況。

4　將加熱完成的蛋糕移到餐盤上，並拿掉防沾烘焙紙。等表面稍微降溫後撒上糖粉，待涼後即可品嚐。

# GÂTEAU AMANDE
## ET ZESTE DE CITRON SANS GLUTEN
# 無麩質的杏仁和檸檬皮蛋糕

4人份 • 準備時間：10分鐘 • 烹調時間：20-25分鐘 • 難易度：簡單 • 成本：便宜
器具：直徑20公分的平底鍋 • 直徑20公分的圓形防沾烘焙紙

## Les Ingrédients

全蛋 .........................................................2顆
原味優格 .............................1罐(100-125克)
二砂糖.................................................... 40克
食用油..................3大匙 + 少許(平底鍋用)
　（橄欖油、葵花籽油或葡萄籽油）
玉米粉（Maïzena®）..................................50克
米粉（Farine de riz）................................50克
無麩質泡打粉..........................½包(5~6克)
杏仁粉 ....................................................50克
檸檬皮（未上蠟）....................................1大匙

### Pour le glaçage 糖霜
檸檬汁.....................................................2大匙
糖粉 ......................................................125克

### — 變化 —
原味優格可改以杏仁奶替換（crème végétale
à l'amande）。

## La Recette 配方

1　將全蛋打進容器中，加上優格、砂糖和食用油，然後以打蛋器持續拌勻。再加入玉米粉、米粉和無麩質泡打粉，並再次拌勻。再加上杏仁粉和檸檬皮，充分混合攪拌成滑順的麵糊。

2　利用刷子在平底鍋內塗上食用油，然後放在爐上加熱。當平底鍋變熱後，鋪上圓形防沾烘焙紙。再倒入麵糊，蓋上鍋蓋並以小火（電磁爐制式溫度3-4）加熱約15至20分鐘。

3　利用餐盤把蛋糕倒扣在盤上，再將蛋糕移回平底鍋，繼續將另一面加熱數分鐘。將加熱完成的蛋糕移到餐盤上，並拿掉防沾烘焙紙，靜待完全冷卻。

4　將檸檬汁和糖粉攪拌成半凝固的糖霜。利用刷子或湯匙淋在蛋糕上，等糖霜凝固後即可品嚐。

# GÂTEAU CRUMBLE

## FRUITS ROUGES ET POMMES

## 綜合莓果和蘋果的酥頂蛋糕

4人份 • 準備時間：10分鐘 • 烹調時間：20-25分鐘 • 難易度：簡單 • 成本：便宜

器具：直徑20公分的平底鍋

## Les Ingrédients

室溫回軟奶油.......4大匙 + 少許（平底鍋用）

椰絲 ...................................................4大匙

粗粒小麥粉（Semoule fine）........................4大匙

低筋麵粉 ..............................................4大匙

紅糖（Sucre roux en poudre）.....................4大匙

蘋果 ......................................................2顆

綜合莓果（Fruits rouges）........................350克

### 建 議

可加上2根切成小方塊的大黃（rhubarbe）。

## La Recette 配方

1　取一容器放入切成塊狀的室溫回軟奶油、椰絲、粗粒小麥粉、低筋麵粉和紅糖，混拌成沙質的顆粒狀。

2　蘋果去皮、去籽後切成薄片狀。

3　在平底鍋上塗上一小片奶油並加熱融化。接著放入蘋果和綜合莓果，再覆蓋上做法1的酥頂碎粒。蓋上鍋蓋並以小火（電磁爐制式溫度3-4），加熱約20至25分鐘。

4　將加熱完成的蛋糕置於餐盤上，或直接以平底鍋上桌。待溫或冷卻後搭配打發的鮮奶油品嚐。

# COOKIE FONDANT
## AUX DEUX CHOCOLATS
## 雙重巧克力軟芯餅乾

4人份 • 準備時間：10分鐘 • 烹調時間：15-20分鐘 • 難易度：簡單 • 成本：便宜
器具：直徑20公分的平底鍋

## *Les* Ingrédients

| | |
|---|---|
| 全蛋 | 1顆 |
| 融化奶油 | 50克 |
| 紅糖 | 75克 |
| 可可粉（Cacao amer） | 1大匙 |
| 低筋麵粉 | 125克 |
| 泡打粉 | ½包（5~6克） |
| 牛奶巧克力豆 + 黑巧克力豆 | 150克 |
| 奶油 | 1小匙（平底鍋用） |

### 變化

巧克力豆可改用塊狀的三種巧克力（trois chocolats）替代。

## *La* Recette 配方

1  將全蛋打進容器中，加入融化奶油，以木杓拌勻。再加上紅糖和可可粉拌勻。再加入低筋麵粉和泡打粉充分混合攪拌成滑順的麵糊。最後再加入巧克力豆。

2  將奶油放入平底鍋以小火加熱，然後倒進麵糊。蓋上鍋蓋並以小火（電磁爐制式溫度3-4）加熱約10分鐘。利用餐盤把其倒扣在盤上，再移回平底鍋，繼續將另一面加熱約4或5分鐘。

3  將加熱完成的餅乾移到餐盤上。待涼或冷卻後即可品嚐，並可配上加了鮮奶油香醍（crème Chantilly）的熱巧克力一起享用。

# COOKIE GÉANT

## AUX CARAMBAR®

## Carambar® 軟糖巨無霸餅乾

1人份 • 準備時間：10分鐘 • 烹調時間：15-20分鐘 • 難易度：簡單 • 成本：便宜
器具：直徑20公分的平底鍋 • 直徑20公分的圓形防沾烘焙紙

## Les Ingrédients

全蛋 ..................................................... 1顆
融化奶油（demi-sel 半鹽）........................ 50克
紅糖 ..................................................... 75克
低筋麵粉 ............................................. 100克
泡打粉 ............................................. ½包(5~6克)
榛果粉 ................................................... 25克
卡蘭巴糖果（Carambar®）.......................... 150克
食用油 ................................... 少許(平底鍋用)

### —— 變 化 ——

卡蘭巴糖果可改以焦糖巧克力塊(fudge au caramel) 替換。

## La Recette 配方

1　將全蛋打進容器中並加入融化的半鹽奶油，以木杓拌勻。

2　再加上紅糖拌勻。接著倒入低筋麵粉和泡打粉，並再次充分混合攪拌成滑順的麵糊。

3　加入榛果粉和預先已切成小方塊狀的卡蘭巴糖果並混合均勻。

4　利用刷子在平底鍋上塗抹食用油，然後放在爐上加熱。當平底鍋變熱後，鋪上圓形防沾烘焙紙。再倒入麵糊，蓋上鍋蓋並以小火（電磁爐制式溫度3-4）加熱約10分鐘。

5　利用餐盤把餅乾倒扣在盤上，再將餅乾移回平底鍋，繼續將另一面加熱約4到5分鐘。將加熱完成的餅乾移到餐盤上，並拿掉防沾烘焙紙。待涼或冷卻後即可品嚐。

# COOKIE CRANBERRIES
## ET PÉPITES DE CHOCOLAT BLANC
## 白巧克力塊和蔓越莓餅乾

4人份 ● 準備時間：10分鐘 ● 烹調時間：15-20分鐘 ● 難易度：簡單 ● 成本：便宜
器具 ● 直徑20公分的平底鍋

## *Les* Ingrédients

| | |
|---|---|
| 全蛋 | 1顆 |
| 融化奶油 | 50克 |
| 紅糖 | 75克 |
| 低筋麵粉 | 100克 |
| 泡打粉 | ½包(5~6克) |
| 蔓越莓乾 | 60克 |
| 檸檬皮末(未上蠟處理) | 1小匙 |
| 白巧克力豆 | 100克 |
| 食用油 | 少許(平底鍋用) |

### 建 議

可加上1小撮的新鮮薑末於麵糊中。

## *La* Recette 配方

1  將全蛋打進容器中並加入融化奶油，以木杓拌勻。

2  再加上紅糖拌勻。接著倒入低筋麵粉和泡打粉，並再次充分混合攪拌成滑順的麵糊。然後加入蔓越莓乾、檸檬皮末和白巧克力豆並混合均勻。

3  將奶油放入平底鍋，並以小火加熱，然後倒入麵糊，蓋上鍋蓋並以小火(電磁爐制式溫度3-4)加熱約10分鐘。

4  利用餐盤把餅乾倒扣在盤上，再將餅乾移回平底鍋，繼續將另一面加熱約4或5分鐘。將加熱完成的餅乾移到餐盤上。待涼或冷卻後即可品嚐。

# MUFFIN

*au chocolat*

## 巧克力瑪芬

6人份 • 準備時間：10分鐘 • 烹調時間：35分鐘 • 難易度：簡單 • 成本：便宜
器具 · 直徑24公分的平底鍋 • 直徑24公分的圓形防沾烘焙紙

## *Les* Ingrédients

原味優格 ..........................1罐（約100-125克）
全蛋 ................................................2顆
食用油..................2小匙 + 少許（平底鍋用）
砂糖 .............................................100克
低筋麵粉 .......................................100克
泡打粉 ...............................½包（5~6克）
鹽 ...............................................1小撮
杏仁粉 ...........................................50克
黑巧克力豆 .....................................50克
胡桃碎 ...........................................50克

### 建議

可以搭上鮮奶油香醍（crème Chantilly）或
一球香草冰淇淋一起品嚐。也可加上3大匙的
可可粉至麵糊中。

## *La* Recette 配方

1　將優格倒進容器中。逐一的加入全蛋並
持續攪拌，再加入食用油、砂糖、低筋麵
粉、泡打粉和鹽。然後充分混合攪拌成滑
順的麵糊。最後再加入杏仁粉、黑巧克力
豆和胡桃碎。

2　利用刷子在平底鍋內塗上食用油，然後
放在爐上加熱。當平底鍋變熱後，鋪上圓
形防沾烘焙紙。再倒入麵糊，蓋上鍋蓋並
以小火（電磁爐制式溫度3-4）加熱約25至
30分鐘。

3　當加熱中的瑪芬表面已快成型但仍然濕
潤時，利用大鍋鏟緩緩地將其翻轉，麵糊
液體將流出至鍋底。然後翻面加熱另一面
數分鐘。

4　將加熱完成的瑪芬移到餐盤上，並拿
掉防沾烘焙紙。待稍微冷卻後，切成方塊
享用。

# GÂTEAUX "BEIGNETS"

## DAMPFNÜDLE

# 德式「甜甜圈」蛋糕

2人份 • 準備時間：25分鐘 • 含發酵時間：1小時20分鐘 • 烹調時間：15-20分鐘 • 難易度：簡單

成本：便宜 • 器具：直徑24公分的半底鍋

## Les Ingrédients

溫熱的牛奶 .......................................... 120毫升
啤酒酵母 .............................................. 120毫升
　（或新鮮酵母1方塊30克、或速溶乾酵母
　1包約11克再加水至120毫升）
砂糖 .......................................................... 2大匙
鹽 .............................................................. 1小撮
融化奶油 .................................................... 30克
全蛋 ............................................................ 1顆
低筋麵粉 .................................................. 200克
奶油 ...................................... 1大匙（平底鍋用）
甜的溫牛奶（Lait chaud sucré）
.............................................. 1小杯（30毫升）

### 建議

可將甜甜圈翻面，好讓兩邊都呈現焦糖色。

## La Recette 配方

1　將溫熱的牛奶倒進容器中。再加入酵母使其溶於溫牛奶中，再加入砂糖、鹽和融化奶油混合拌勻。

2　加入全蛋和低筋麵粉，然後用手揉合成不沾手的麵團，放置於大碗中覆蓋上保鮮膜，置於溫暖並且無風的地方。計時約40分鐘，使麵團發酵膨脹至原來體積的一倍大。

3　用手輕輕整合麵團，然後等分成二等份。再次將麵團放置於溫暖並且無風的地方，二次發酵約40分鐘。

4　將奶油放入平底鍋並加熱。將其中一份麵團放進鍋中，並在表面刷上甜的溫牛奶。蓋上鍋蓋並以小火（電磁爐制式溫度3-4）加熱約20分鐘，並留意加熱狀況。當甜甜圈開始變成古銅和焦糖色時便可停止加熱。然後以相同步驟加熱另一份麵團。

5　待甜甜圈放涼後，可塗上果醬或搭配糖煮蘋果一起品嚐。

# GÂTEAU RENVERSÉ ANANAS-CARAMEL

## NOIX DE COCO ET RHUM

## 鳳梨焦糖、椰子和蘭姆酒的反轉蛋糕

4人份 • 準備時間：5分鐘 • 烹調時間：25-30分鐘 • 難易度：簡單 • 成本：便宜
器具：直徑20公分的平底鍋

### Les Ingrédients

全蛋 ........................................... 3顆
砂糖 ......................................... 110克
室溫回軟奶油 ............................... 80克
蘭姆酒 ......................................... 1大匙
低筋麵粉 ................................... 100克
泡打粉 ............................... 1包(11克)
椰子粉 ......................................... 25克
焦糖醬 ......................................... 4大匙
糖水鳳梨 ..................................... 1罐

#### Pour le coulis de fraises
#### 草莓庫利

草莓 ......................................... 250克
糖粉 ............................................. 1大匙
檸檬汁 ......................................... 1小匙

---

#### 變化

蘭姆酒可改以鳳梨汁，替換成無酒精的搭配。

---

### La Recette 配方

1　將全蛋打進容器中並加入砂糖，以打蛋器拌勻，再逐次加入室溫回軟奶油攪拌混合均勻。然後加入蘭姆酒、低筋麵粉、泡打粉、以及椰子粉，並再次拌勻成麵糊。

2　將焦糖倒進平底鍋內，然後在鍋中以排成環狀的方式擺入4~5片鳳梨，並稍微互相重疊。再將麵糊倒在鳳梨上面，以小火（電磁爐制式溫度3-4）加熱約20分鐘。可蓋上鍋蓋並留意加熱的狀況，直到麵糊凝固，搖晃時底部可離鍋。

3　利用矽膠鍋鏟除去沾上鍋邊的熟麵糊。然後利用餐盤把蛋糕倒扣在盤上，再移回平底鍋，繼續將另一面加熱數分鐘。直至蛋糕呈現淺古銅色。

4　將草莓、糖粉和檸檬汁混合打成草莓庫利，呈現均質狀。

5　將加熱完成的蛋糕移到餐盤上。待涼或冷卻後搭配草莓庫利一起品嚐。

# GÂTEAU COMME UNE "OMELETTE"
## SOUFFLÉE ET FLAMBÉE
### 燄燒的舒芙蕾蛋糕

4人份 • 準備時間：5分鐘 • 烹調時間：4-5分鐘 • 難易度：非常簡單 • 成本：便宜
器具：直徑 26 公分的平底鍋

## Les Ingrédients

全蛋...................................................6顆
砂糖...............................................150克
柳橙皮末(表皮未上蠟處理)...............1大匙
鹽.......................................................1小撮
奶油..............................20克(平底鍋用)
干邑橙酒(Grand Marnier®) ........1小杯(30毫升)

### 變化

可在麵糊內加上香草籽或檸檬皮末替換。

## La Recette 配方

1 將蛋白、蛋黃分開。再將砂糖和蛋黃倒進一容器中，攪拌至顏色變淺且呈現絲緞般的細緻狀態，然後加入柳橙皮。

2 以電動攪拌器將蛋白和1小撮的鹽，打至雪白凝固的蛋白霜，然後將蛋白霜緩緩的混入先前打發的蛋黃砂糖中拌勻。

3 將奶油放入平底鍋並加熱，然後倒進做法2拌勻的麵糊。以小火(電磁爐制式溫度4)加熱約4或5分鐘，並留意加熱的狀況。如果希望蛋糕兩邊呈現古銅色，可輕輕將其翻面。

4 將干邑橙酒放入另一平底鍋加熱，再淋在做法3的蛋糕上並燄燒。立即品嚐。

# "TARTE" FROMAGE BLANC
## ET VANILLE
## 白起司和香草「塔」

6人份 • 準備時間：10分鐘 • 烹調時間：25-30分鐘 • 冷卻：1小時 • 難易度：簡單 • 成本：便宜
器具：直徑24公分的平底鍋 • 直徑24公分的圓形防沾烘焙紙

## Les Ingrédients

白起司（無顆粒 Fromage blanc lisse）.......... 325克
全脂鮮奶油（Crème liquide entière 至少含
　　30% 乳脂肪）.................................. 200毫升
砂糖 ................................................ 125克
香草粉 ................................................1小匙
全蛋 ...................................................3顆
低筋麵粉 ............................................2大匙
鹽 .....................................................1小撮
食用油.............................. 少許（平底鍋用）

### 建議

可加上1大匙表皮未上蠟處理的檸檬皮末
在麵糊中。

## La Recette 配方

1　將白起司放進容器中，並加入全脂鮮奶油、砂糖和香草粉。

2　將蛋白、蛋黃分開。將蛋黃加進做法1的容器中，並拌勻至成為滑順的糊狀。再加入低筋麵粉充分的攪拌均勻成麵糊。

3　以電動攪拌器將蛋白和1小撮的鹽，打至雪白凝固的蛋白霜，然後緩緩加入麵糊中拌勻。

4　利用刷子在平底鍋內塗上食用油，然後放在爐上加熱。當平底鍋變熱後，鋪上圓形防沾烘焙紙。再倒入麵糊，蓋上鍋蓋並以小火（電磁爐制式溫度3-4）加熱約25至30分鐘。

5　當起司塔的表面已成型（變硬）時，熄火並等待數分鐘讓塔的溫度下降。再將完成的起司塔移到餐盤上，並拿掉防沾烘焙紙。

6　放置於陰涼的地方至少1小時，使其冷卻後再品嚐。

# GÂTEAU FONDANT
## À LA CRÈME DE MARRONS

### 栗子醬軟芯蛋糕

4人份 • 準備時間：10分鐘 • 烹調時間：25分鐘 • 難易度：稍有難度 • 成本：便宜
器具：直徑 22 公分的平底鍋 • 直徑 22 公分的圓形防沾烘焙紙

## Les Ingrédients

栗子醬...........................................1小罐（250克）
全蛋 ..............................................................2顆
濃稠鮮奶油（Crème fraîche épaisse）...........2大匙
低筋麵粉 ......................................................1大匙
泡打粉..............................................½包（5~6克）
鹽 ..............................................................1小撮
食用油....................................................少許（平底鍋用）

### 建議

可加入 1 小匙表皮末上蠟處理的橘子皮末
在麵糊中。

## La Recette 配方

1　將栗子醬放進容器中。將蛋白、蛋黃分開。將蛋黃加進剛才放置栗子醬的容器中，並以電動攪拌器拌勻。然後加上濃稠鮮奶油、低筋麵粉和泡打粉，並充分混合攪拌成滑順的麵糊。

2　以電動攪拌器將蛋白和1小撮的鹽，打至雪白凝固的蛋白霜，然後緩緩加入麵糊中拌勻。

3　利用刷子在平底鍋內塗上食用油，然後放在爐上加熱。當平底鍋變熱後，鋪上圓形防沾烘焙紙。再倒入麵糊，蓋上鍋蓋並以小火（電磁爐制式溫度3-4）加熱約20至25分鐘。麵糊在加熱中會膨脹起來，此期間可經常用鍋鏟除去沾上鍋邊的熟麵糊，並翻面使其凝固回縮。

4　當麵糊產生氣泡時，以大鍋鏟除去沾上鍋邊的的熟麵糊並將其翻面。翻面時力道要輕柔且不用擔心麵糊會沾黏鍋底。等翻面之後再繼續加熱數分鐘。

5　將加熱完成的蛋糕移到餐盤上，並拿掉防沾烘焙紙，待其冷卻後即可品嚐，也可以搭配打發的鮮奶油、香橙庫利（coulis d'orange）、香橙果醬一起品嚐。

# TARTE TATIN
## POMME ET CARAMEL

反烤焦糖蘋果塔

4人份 • 準備時間：10分鐘 • 烹調時間：1小時20分鐘 • 難易度：簡單 • 成本：便宜
器具：直徑20公分的平底鍋

## Les Ingrédients

肉質爽脆的蘋果 ........................................4-5顆
　　（reine des reinettes 或 boskoop 品種）
無鹽或含鹽奶油 ...................................... 50克
砂糖.......................................................... 50克
市售酥皮（Pâte brisée）................................ 1張

## La Recette 配方

1　將蘋果去皮後切成四瓣，再去籽。將平底鍋塗上25克的奶油，再均勻的撒上25克砂糖。

2　將蘋果以環狀排列的方式放進鍋中，蘋果去皮的那面要朝向鍋底。然後在空隙鋪上第二層蘋果，則是蘋果芯的那面朝向鍋底，讓蘋果間互相緊貼不留空隙。

3　將剩下的砂糖（25克）平均的撒在蘋果上，再撒上剩餘並切成片狀的奶油（25克）。蓋上鍋蓋並以小火（電磁爐制式溫度4）加熱約30分鐘。讓蘋果呈現金黃的焦糖色。

4　將市售酥皮切成一張比平底鍋直徑稍微大一點的圓形，使其能覆蓋蘋果周邊以及平底鍋緣。接著將酥皮鋪在焦糖蘋果上，並蓋起平底鍋的鍋蓋，然後再加熱約30分鐘。焦糖蘋果將會沾黏上酥皮。

5　關火停止加熱，並使其冷卻約5分鐘。利用鍋鏟緩緩將焦糖蘋果塔倒扣在盤上，再移回平底鍋，繼續將另一面以小火加熱約15分鐘，使其烤成古銅色。

6　將完成的焦糖蘋果塔置於餐盤上，待其微溫時，可搭配打發鮮奶油、鮮奶油香醍或一球香草冰淇淋一起品嚐。

# "TARTE FIN"
## À L'ORANGE CARAMÉLISÉE
## 焦糖香橙「薄塔」

4人份 • 準備時間：10分鐘 • 烹調時間：25分鐘 • 難易度：簡單 • 成本：便宜
器具：直徑20公分的平底鍋

## Les Ingrédients

香橙(表皮未上蠟處理) ........................... 1顆
市售焦糖醬 ................................ 3大匙

### Pour le fond de tarte
### 塔皮

比利時斯派庫魯斯餅乾(Spéculos) ........ 200克
杏仁粉 ........................................ 2大匙
室溫奶油 .................................... 50克

### 變化

香橙可改以黃檸檬或綠萊姆替換。

## La Recette 配方

1　香橙頭尾兩端的部份切除不使用，將香橙切成圓形薄片狀。把焦糖倒進平底鍋，再鋪上圓形片狀的香橙。以小火(電磁爐制式溫度4-5)加熱至焦糖出現小氣泡，此時代表香橙已煮熟。

2　製作塔皮。先將餅乾放進塑膠袋中，束起袋口再用擀麵棍將餅乾壓碎成大顆粒的碎粒狀。

3　將餅乾碎粒倒進容器中，並加上杏仁粉和奶油。然後用手指拌勻搓細至呈現沙狀質地。

4　將香橙片稍微重疊並均勻的在平底鍋上排成圓形花樣。再將沙狀的餅乾碎均勻的倒在香橙片上，並壓緊。

5　加熱數分鐘後，利用餐盤把香橙薄塔倒扣在盤上，再將其移回平底鍋，繼續將另一面加熱數分鐘。

6　將加熱完成的香橙薄塔移到餐盤上，待其微溫或冷卻後即可享用，可以搭配一球肉桂冰淇淋或黑巧克力冰淇淋一起品嚐。

# GÂTEAU
# « GALETTE DES ROIS »
## EN FEUILLES DE BRICK
## 可麗餅皮的「國王派」蛋糕

6人份 • 準備時間：10分鐘 • 烹調時間：25分鐘 • 難易度：簡單 • 成本：便宜

器具：直徑24公分的平底鍋

## Les Ingrédients

可麗餅皮 ............................................4 張
融化奶油 ...........................................2 大匙
杏仁粉 ..............................................125 克
糖粉 ................................................125 克
室溫回軟奶油 .......................................100 克
全蛋 ................................................2 顆
苦杏仁精（Arôme d'amande amère）............1 小匙
奶油 ..................................1 大匙（平底鍋用）

### 變化

杏仁粉可改以榛果粉替換。

## La Recette 配方

1　將融化奶油用刷子塗在可麗餅皮上。

2　將杏仁粉和糖粉放入容器中拌勻。加入切成方塊的室溫回軟奶油、全蛋和苦杏仁精，並用叉子仔細的拌勻。

3　將2張可麗餅皮重疊地放在餐盤上。倒上先前拌好的杏仁麵糊，並整成直徑24公分的圓形。將長度超出餐盤的可麗餅皮摺起。

4　再鋪上剩下的另外2張可麗餅皮，並將可麗餅皮的邊緣往下摺，與下方可麗餅皮的底部形成一個封口的小「郵包」。

5　將1大匙奶油放入平底鍋並加熱，然後放上整份可麗餅包成的國王派。蓋上鍋蓋並以小火（電磁爐制式溫度3-4）加熱約10至15分鐘。當可麗餅表面呈現古銅色時，利用餐盤將其倒扣在盤上，再移回平底鍋，繼續將另一面加熱約10至15分鐘。趁熱或待涼時即可品嚐。

# CHEESECAKE
## AU CHOCOLAT BLANC
### 白巧克力起司蛋糕

4人份 • 準備時間：10分鐘 • 烹調時間：30-35分鐘 • 難易度：簡單 • 成本：便宜
器具：直徑20公分的平底鍋 • 直徑20公分的圓形防沾烘焙紙

## Les Ingrédients

白巧克力 ............................................ 125克
全蛋 ...................................................... 3顆
鹽 ......................................................... 1小撮
奶油起司（cream cheese）........................... 125克
食用油................................................. 少許（平底鍋用）

### Pour le coulis de fruits rouges
### 紅色莓果庫利

紅色綜合莓果................................... 250克
檸檬汁............................................... 1大匙
糖粉.................................................... 1大匙

## La Recette 配方

1　將白巧克力切成小塊，以隔水加熱方式融化（把碗懸在裝有沸水的鍋子中加熱）。

2　將蛋白、蛋黃分開。以電動攪拌器將蛋白和1小撮的鹽，打至雪白凝固的蛋白霜。

3　當白巧克力已融化時，將蛋黃分多次少量的加入，並好好的拌勻。再加入奶油起司並持續的攪拌，再將蛋白霜分次加入拌勻，以防打入的空氣消泡。

4　利用刷子在平底鍋內塗上食用油，然後放在爐上加熱。當平底鍋變熱後，鋪上圓形防沾烘焙紙，若是以瓦斯爐加熱則需要再多鋪一張防沾烘焙紙。再倒入做法3的麵糊，蓋上鍋蓋並以小火（電磁爐制式溫度3-4）加熱約30至35分鐘。

5　此時將紅色綜合莓果（如有需要，可先清洗乾淨並去籽）、檸檬汁和糖粉攪打成均勻的紅色莓果庫利。

6　在結束加熱時，利用鍋鏟除去鍋邊的蛋糕屑。將完成的蛋糕移到餐盤上，並拿掉防沾烘焙紙。待冷卻後即可搭配紅色莓果庫利一起品嚐。

# GÂTEAU FONDANT
## AU CHOCOLAT
## 巧克力軟芯蛋糕

4人份 • 準備時間：10分鐘 • 烹調時間：20-25分鐘 • 難易度：簡單 • 成本：便宜
器具：直徑20公分的平底鍋 • 直徑20公分的圓形防沾烘焙紙

## *Les* Ingrédients

黑巧克力 .................................................. 150 克
全蛋 .......................................................... 3 顆
鹽 ........................................................... 1 小撮
濾乾水份的茅屋起司（Faisselle égouttée）

............................................................... 150 克
玉米粉（Maïzena®）................................... 2 大匙
食用油.......................................... 少許（平底鍋用）

### 變 化

濾乾水份的茅屋起司可改以奶油起司（fromage à la crème、cream cheese）替換。

## *La* Recette 配方

1　將黑巧克力切碎放進碗中，以隔水加熱方式融化（把碗懸在裝有沸水的鍋子中加熱）。

2　將蛋白、蛋黃分開。以電動攪拌器將蛋白和1小撮的鹽，打至雪白凝固的蛋白霜狀。

3　當黑巧克力已融化時，將蛋黃分多次少量的加入，並好好的拌勻。再加入茅屋起司並持續攪拌，再加入玉米粉拌勻，直至融合為一體的濃稠狀。然後將蛋白霜緩緩加入拌勻，以防打入的空氣消泡。

4　利用刷子在平底鍋內塗上食用油，然後放在爐上加熱。當平底鍋變熱後，鋪上圓形防沾烘焙紙。再倒入做法3的麵糊，蓋上鍋蓋並以小火（電磁爐制式溫度3-4）加熱約20分鐘。蛋糕的中心不應烤的太熟。輕輕的搖晃移動平底鍋時，避免蛋糕破損。

5　熄火後，要讓蛋糕在平底鍋中完全冷卻後才能取出，品嚐時可搭配香橙果醬。

# MESURES ET ÉQUIVALENCES

**測量單位對照表**

## 不用磅秤測量材料的換算備忘表

| 材料 | 1小匙 | 1大匙 | 普通玻璃杯<br>（verre à moutarde）1杯 |
| --- | --- | --- | --- |
| 奶油 | 7克 | 20克 | — |
| 可可粉 | 5克 | 10克 | 90克 |
| 高脂鮮奶油 | 15毫升 | 40毫升 | 200毫升 |
| 液狀鮮奶油 | 7毫升 | 20毫升 | 200毫升 |
| 低筋麵粉 | 3克 | 10克 | 100克 |
| 乳酪絲 | 4克 | 12克 | 65克 |
| 各種液體<br>（水、油、醋、酒） | 7毫升 | 20毫升 | 200毫升 |
| 玉米粉（Maïzena®） | 3克 | 10克 | 100克 |
| 杏仁粉 | 6克 | 15克 | 75克 |
| 葡萄乾 | 8克 | 30克 | 110克 |
| 米 | 7克 | 20克 | 150克 |
| 鹽 | 5克 | 15克 | — |
| 粗粒小麥粉、北非小麥粒 | 5克 | 15克 | 150克 |
| 細砂糖 | 5克 | 15克 | 150克 |
| 糖粉 | 3克 | 10克 | 110克 |

## 測量液體的便利貼

1杯烈酒杯（verre à liqueur）＝30毫升

1杯咖啡杯（tasse à café）＝80至100毫升

1杯普通玻璃杯＝200毫升

1杯馬克杯＝300毫升

1碗＝350毫升

## 不可不知

1顆蛋＝50克

1點奶油（榛果大小\noisette de beurre）＝5克

1小塊奶油（核桃大小\noix de beurre）＝15至20克

## 烤箱的溫度調節

| 溫度（℃） | 溫控熱度 |
| --- | --- |
| 30 | 1 |
| 60 | 2 |
| 90 | 3 |
| 120 | 4 |
| 150 | 5 |
| 180 | 6 |
| 210 | 7 |
| 240 | 8 |
| 270 | 9 |

感謝茱麗葉 Juliette 和席琳 Céline 給予我這個非常有趣和美味的主題！

對於平底鍋所帶來如此多的可能性，實在太美妙 ...

也感謝我那一群「試吃員們」給予的建議和意見：雨果 Hugo、埃德加 Edgar、

巴西勒 Basile、西莉亞 Célia、米娜 Mina、席琳 Céline 和萊拉 Léla）。

史蒂芬妮•德•涂爾凱姆

Stéphanie de Turckheim

# *Joy Cooking*

最強平底鍋蛋糕 Gâteaux à la poêle

作者　史蒂芬妮・德・涂爾凱姆 Stéphanie de Turckheim

翻譯　唐明禔 Ming-Sze Tong

出版者 / 出版菊文化事業有限公司　P.C. Publishing Co.

發行人　趙天德

總編輯　車東蔚

文案編輯　編輯部　美術編輯　R.C. Work Shop

台北巿雨聲街//號1樓

TEL：(02)2838-7996　　FAX：(02)2836-0028

法律顧問　劉陽明律師 名陽法律事務所

初版日期　2017年1月

定價　新台幣 280元

ISBN-13：9789866210518　　書　號　J123

---

讀者專線　(02)2836-0069

www.ecook.com.tw

E-mail　service@ecook.com.tw

劃撥帳號　19260956 大境文化事業有限公司

Gâteaux à la poêle

© 2016, Hachette Livre (Hachette Pratique), Paris

Stéphanie de Turckheim, Photographies Nicolas Lobbestael.

最強平底鍋蛋糕 Gâteaux à la poêle

史蒂芬妮・德・涂爾凱姆 Stéphanie de Turckheim 著

初版. 臺北市：出版菊文化，

2017[民106]　80面；19×26公分. ----(Joy Cooking系列：123)

ISBN-13：9789866210518

1.點心食譜　　427.16　　　105023997

神奇魔法蛋糕
Gâteaux Magiques

GÂTEAUX INVISIBLES
奇妙隱形蛋糕

帕尼尼熱三明治&開放式三明治
Panini & Open sandwiches

黃金比例的
舒芙蕾鬆餅
SOUFFLÉ PANCAKE

238個
料理的為什麼？
小小米桶的不失敗廚房

Scones & Biscuits

東京製菓學校
精選基礎甜點
必學的123個技巧與訣竅
587張步驟圖解

我的魔法甜點罐
mes desserts en kit

一個琺瑯盒
無奶油安心甜滋味

一個琺瑯盒
家常必學甜滋味

一鍋煮魔法 PASTA
pâtes magiques

鑄鐵鍋
必學經典料理

周老師的美食教室
手創餅乾101道

Muffins & Cupcakes

周老師的美食教室
天然手作麵包101道

6種常備工材×媽媽愛的佳餚

簡單！美味！
最實用的
鑄鐵鍋日常料理

donna hay
a cook's guide

我的
第一堂甜點課
800

你也可以輕鬆做的
愛心便當
75種

小小米桶的無油煙廚房
82道美味料理精彩上桌！